浪花朵朵

[美]纳兹·帕克普尔 著

[英]欧文·戴维 绘

尹楠 译

小心，昆虫室友来了！

浙江科学技术出版社·杭州

目 录

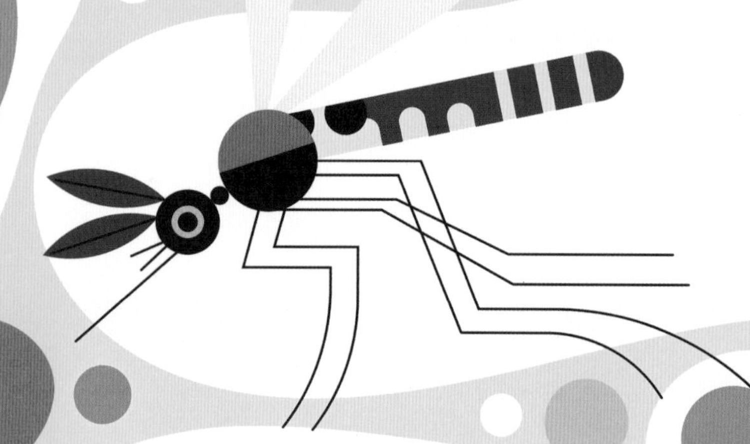

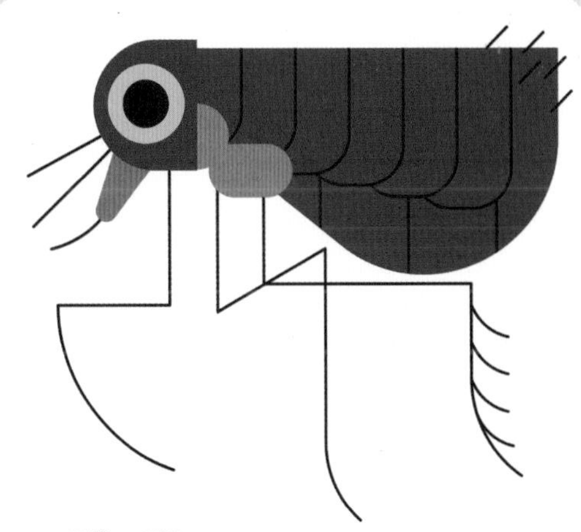

序言

让我们从基础知识开始吧，昆虫到底是什么？一般来说，昆虫是长着 6 条腿、2 只眼睛、2 根触角，身体分为三部分的动物。

有一群特殊的科学家被称为昆虫学家，数百年来，他们一直在研究昆虫，发现了各种各样令人惊奇的昆虫知识。例如，有些昆虫喜欢吃花蜜（比如蝴蝶）或植物（比如蝗虫），有些昆虫的口味则不同寻常——这就是你接下来要了解的内容。我们的身体为许多昆虫提供了独特而美味的食物。这些昆虫喝我们的血，住我们的房，甚至住到了我们的头发里！它们影响着我们生活的方方面面，从我们穿的衣服、养的宠物、住的房子，到我们储存食物的方式。就像生活在我们身边的“小外星人”，它们中的每一种都有自己独特的身体、家园和生活方式。你可能听过或见过许多这类昆虫，但你对它们真正了解多少呢？

蚊子

你和家人坐在户外，正一边享用烧烤，一边欣赏着美丽的落日。与此同时，在餐桌下你的脚踝边，别的什么东西也在欣赏着落日……突然，你忍不住想抓挠某个地方，你抓了又抓，挠了又挠，那种痒痒的感觉仍然没有消失，你仔细一看，被抓挠的地方凸起一个红色的包——原来是被蚊子咬了。

蚊子是什么？

蚊子是生活在陆地上和水中的飞虫。目前，世界上已知有 3000 多种蚊子，夸张地说，在陆地上几乎每种动物都被蚊子咬过，当然也包括我们人类。这些讨厌的昆虫几乎无处不在，除了冰岛和南极洲的某些地方——因为那里气候太恶劣，它们无法生存！

蚊子非常依赖水，因为没有水，它们的生命周期就无法完成。我们在沼泽和湿地栖息地附近经常能见到大量的蚊子。

嗜血雌蚊

蚊子喜欢血！人类和其他动物的血液都富含蛋白质，如果雌蚊不摄入蛋白质，它们就无法产卵，这就是只有雌蚊以血为食的原因！没错，雄蚊永远不会打扰你，因为它们不需要产卵。所以，如果你身上出现一个发痒的红色蚊子包，罪魁祸首一定是雌蚊。

与蜜蜂、蝴蝶一样，雄蚊也以花蜜为食。雌蚊也吃花蜜，但只有在吸不到血的时候它们才会改变口味。

雄蚊还是雌蚊？

假如你发现房间里有一只蚊子，你怎么分辨它是嗜血的雌蚊还是吃花蜜的温和的雄蚊呢？你要做的就是靠近蚊子，仔细观察它的触角。雄蚊的触角又大又蓬松，雌蚊的触角则又长又细。这是因为蚊子不仅依靠触角分辨气味，也通过它来辨别声音！触角就是蚊子的鼻子和耳朵，雄蚊通过“倾听”雌蚊翅膀振动的声音来寻找“女朋友”。

蚊子在你耳边嗡嗡作响时，你听到的是它们振动翅膀的声音。每个会飞行的物种发出的声音都略有不同，因为它们飞行时会以不同的速度振动翅膀——我们称之为翅膀振动的频率。

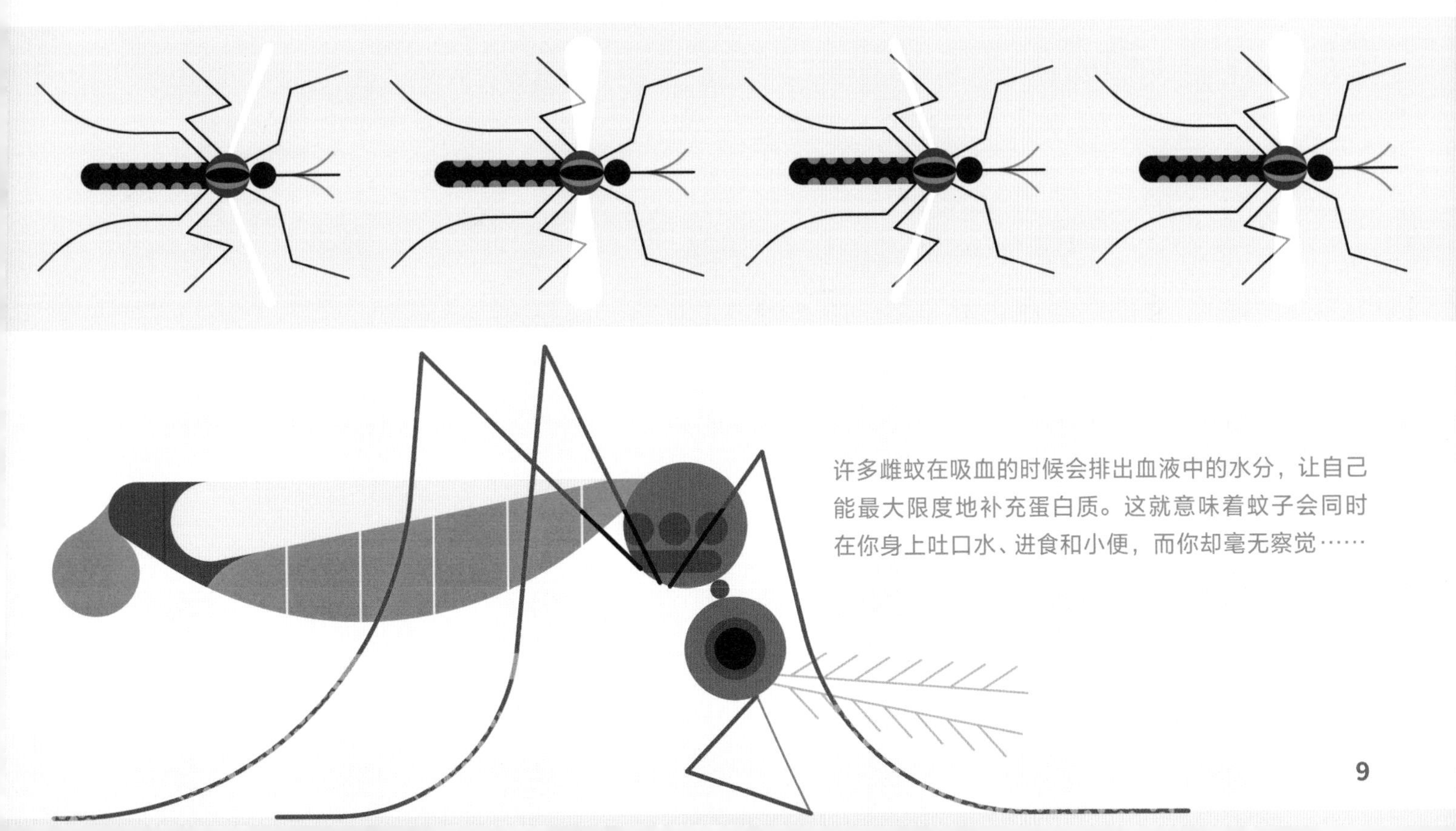

许多雌蚊在吸血的时候会排出血液中的水分，让自己能最大限度地补充蛋白质。这就意味着蚊子会同时在你身上吐口水、进食和小便，而你却毫无察觉……

偷袭模式

我们都被蚊子咬过，可是，你有没有想过蚊子是怎么悄悄接近你，咬你一口，吸你的血，然后在你注意到它的存在之前飞走的？其实，蚊子已经进化出一套“偷袭”方法，能在不被发现的情况下叮咬猎物……

蚊子怎么找到你？

简而言之，就是通过你身上的气味！我不是说“一个星期没有洗澡，在泥里打过滚，还拿腐烂的鱼擦身体”的那种臭烘烘的气味。我说的是人体的正常气味，所有人都有，并且一直在向外界释放。蚊子觉察到的不是你腋窝下的气味，而是你呼出的气体，尤其是你呼出的二氧化碳。有趣的是，蚊子其实没有鼻子，它们用触角辨别气味。

蚊子能探测到50米内的二氧化碳！也就是说，1楼的蚊子，差不多能“闻到”站在17楼阳台上的你的气味。

蚊子怎么咬你？

蚊子实际上并不是在咬你，而是用一种很小的像吸管一样的口器在刺你。蚊子的这种“吸管”已经进化成适合吸血的完美形状，看起来像注射器的针头，但与针头不同的是，你永远感觉不到皮肤被蚊子的口器刺破。这是因为蚊子吸血之前，会先向你“吐口水”。你没听错，蚊子会在你身上吐口水！

咬你却不引起你的注意，这是怎么做到的？

蚊子的唾液很神奇，含有一些非常奇特的化学物质，既能麻痹你，又能阻止你的血液凝固，还会防止你发痒。这一切都是为了不让你注意到它们正在你身上大口吸血，很狡猾吧？蚊子是大自然设计的完美的“偷血贼”，它们可以在被你发现之前，大吸一口血，填饱肚子，然后轻易飞走。

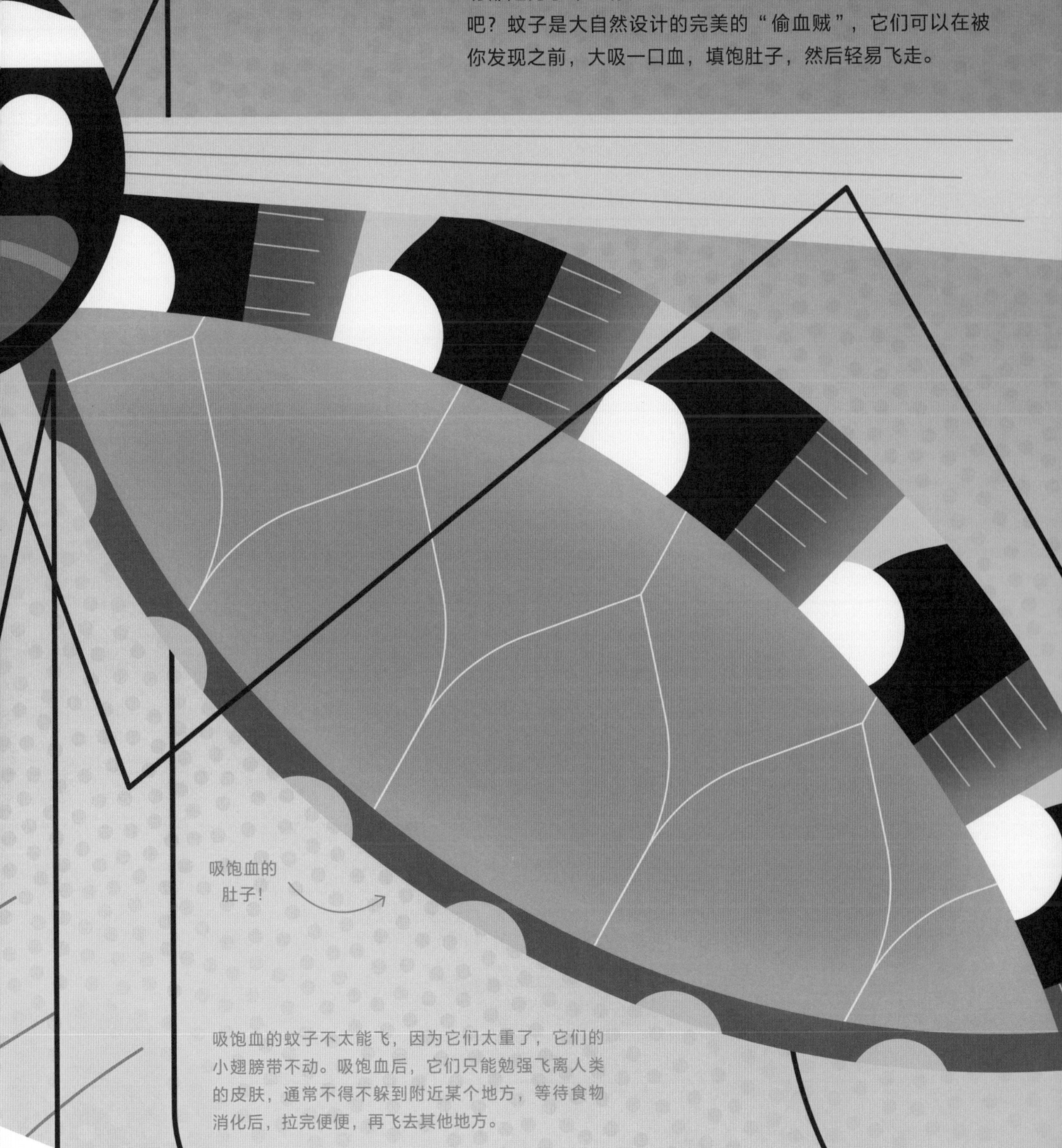

吸饱血的蚊子不太能飞，因为它们太重了，它们的小翅膀带不动。吸饱血后，它们只能勉强飞离人类的皮肤，通常不得不躲到附近某个地方，等待食物消化后，拉完便便，再飞去其他地方。

美好家园

聪明的雌蚊对二氧化碳很敏感，对血液有极大的兴趣。它趁你不注意的时候就从你身上吸饱一肚子血，那么，接下来它会做什么呢？

首先，它的身体会将血液分解成蛋白质。蛋白质被吸收，为生成蚊卵提供营养。然后，它会找一片宁静的水域产卵。它的触角不仅能“闻”到二氧化碳，还能“闻”出水。

成年雌蚊的平均寿命为6周，每隔3—4天产卵一次，也就是说，它一生中可以产1000多枚卵。

雌蚊几乎可以在任何有水的地方产卵。一旦找到合适的地方，它就会落在水面，产下约 100 枚卵。这些卵粘在一起，像小木筏一样漂浮在水面，不会沉没，也不会被淹死。

蚊子变形记

蚊子从一种被称为孑孓的幼虫开始生命之旅。孑孓还没有这个英文字母 i 大，它们的模样和行为一点也不像成年蚊子……反正现在还不像。想要变成成年蚊子，它们需要经历一个被称为完全变态的过程。

屁股呼吸

孑孓有一根呼吸管（疟蚊的幼虫除外），这是它们身体的一部分，可以帮助它们在水下呼吸。它们会把呼吸管伸出水面，就像潜水者使用的呼吸管一样。这就是为什么孑孓必须一直在水面附近生活。但是，孑孓伸出水面的不是嘴巴，而是屁股，因为呼吸管长在它们的尾部。

微量食物

孑孓会潜入水中，以细菌、酵母菌和水藻等微小生物为食。它们用口器两侧的口刷摄取水中的食物，把这些微小的美味都扫进嘴里。

穿着盔甲的身体

孑孓和所有昆虫一样，也有一个坚硬的外壳，被称为外骨骼。外骨骼内部空间有限，所以，当孑孓没有成长空间时，它们就会长出一个更大的外骨骼，同时脱掉原来较小的那个。这个过程被称为蜕皮。

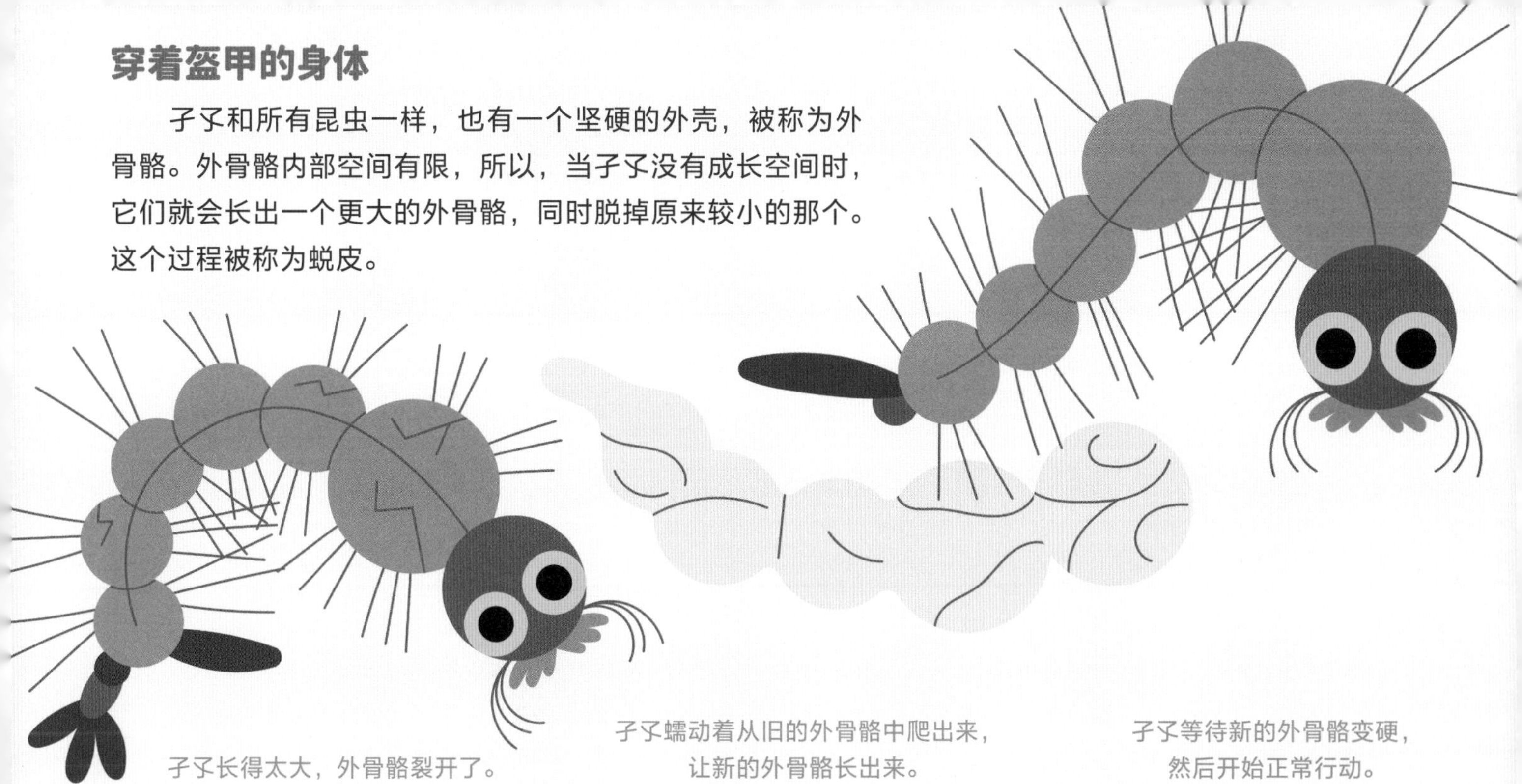

孑孓长得太大，外骨骼裂开了。

孑孓蠕动着从旧的外骨骼中爬出来，让新的外骨骼长出来。

孑孓等待新的外骨骼变硬，然后开始正常行动。

完全变态

蛹是昆虫生命周期中介于幼虫和成虫之间的一个阶段，距离完全变成成虫尚有一段时间。当幼虫长得足够大时，就会发育成蛹。在蛹的里面，不可思议的事情悄然发生！蚊子会在蛹里“融化”自己，逐渐长出眼睛、触角、翅膀和令人难以置信的全新的成年蚊子的身体，彻底重塑自己。新的身体完成后，蛹就会裂开，成年蚊子破蛹而出。这种类型的发育过程被称为完全变态。

蚊子蛹通过背上被称为“呼吸角”的通气管呼吸。

你可能更熟悉毛毛虫变成蝴蝶的完全变态过程，但其实包括蜜蜂、甲虫和苍蝇在内的许多其他种类的昆虫，都会经历这一过程。

甚至连企鹅、水獭和猪身上都有虱子！身上没有虱子的动物只有鸭嘴兽、针鼹和鲸目动物等少数几种。虱子已经在地球上存在了很长时间，你甚至可以找到它们的化石记录！

虱 子

你有过身体某处痒个不停的经历吗？你刚挠完头，马上又要挠。上学路上，你不停地挠啊，挠啊，挠啊。你不仅觉得痒，还觉得有什么东西在你头上动！突然有一次，你挠头的时候“啪”的一下压扁了一只虫子——就在你的头上！发生了什么事？哦，原来你的头上有虱子！

虱子是什么？

虱子是一种比铅笔尖还小的昆虫，生活在动物的毛发和羽毛中。既然我们人类也是动物，那么，我们的头发也适合虱子生活。虽然长虱子让人不高兴，但实际上对它来讲你是一个很好的“伙伴”，地球上几乎所有的野生鸟类和哺乳动物身上都有虱子。

象海豹能潜入水下 2000 多米，而某些虱子（海兽虱科）仍然能依附在其身上生活。

独一无二

世界上有超过 5000 种不同种类的虱子，而且虱子对它们生活的地方非常挑剔。这是为什么呢？原来每种虱子都寄生在特定动物的皮毛中。一般来说，人身上的虱子不会生活在狗身上，鸟身上的虱子也不会生活在人身上。

吸血的口器

在虱子眼中，你的头能提供美味的食物，虱子用一种针状的“吸嘴”——刺吸式口器来吸你的血。虱子的口器内表面有微小的齿状物，可以抓住你的皮肤，帮助它们在吸血时牢牢固定住。口器的外部有微小的针状突起，可以插入你的皮肤，方便虱子直接向你吐口水。

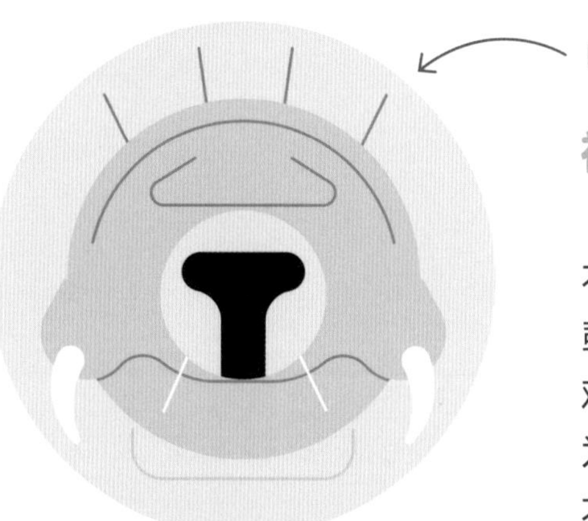

神奇的口水

虱子的唾液不仅会麻痹你的感官，让你感觉不到它们在吸血，还会阻止你的血液凝固。此外，虱子的唾液还能让你发痒。研究表明，大多数人都对虱子的唾液过敏，你的身体之所以会发痒，是因为对唾液起了反应。而有些人的身体需要 30 多天才会产生这种过敏反应，这意味着他们可能整整一个月都不知道虱子就住在自己的头发里！

抓住就不放

虱子足的末端有锋利的爪子。这些爪子专门用来抓住某一特定类型的毛发、皮毛或羽毛。寄生在人类身上的虱子，长有专门用来抓紧我们头发的爪子，让它们不容易从头发上脱落。哪怕你一天洗 5 次澡，梳几个小时的头，去游泳，再洗 5 次澡，这些小虫子仍然能抓紧你的头发！

恐怖的爬行者

虱子没有翅膀，所以不能飞。它们也不能跳，所以无法跳到你身上。但它们会爬！虱子 1 分钟内可以移动 20 多厘米，对于身长只有 2.5 毫米的生物而言，这个速度相当快了，相当于一个 1.5 米高的人在 1 分钟内移动了约 140 米。

虱子的一生

有的昆虫会在不同环境中度过一生的不同阶段，而虱子一生只生活在一种环境中。这就意味着，在某种程度上，一只虱子会在你的头发里度过完整的一生！

没那么神奇的若虫

虱子卵孵化出来的小虫子被称为若虫。等等，这是个新名词——若虫，这是什么？听起来有点像住在森林里的魔法仙子[1]。但遗憾的是，它不是。若虫是不完全变态类昆虫的幼体。

不完全变态类昆虫的卵会孵化出若虫。若虫是成虫的“迷你”版，它会慢慢长大。在成长的过程中，若虫的外骨骼会越来越紧，它需要蜕去旧的外骨骼，长出新的，这个过程被称为蜕皮。虱子的若虫在成年之前要经历 3 次蜕皮。

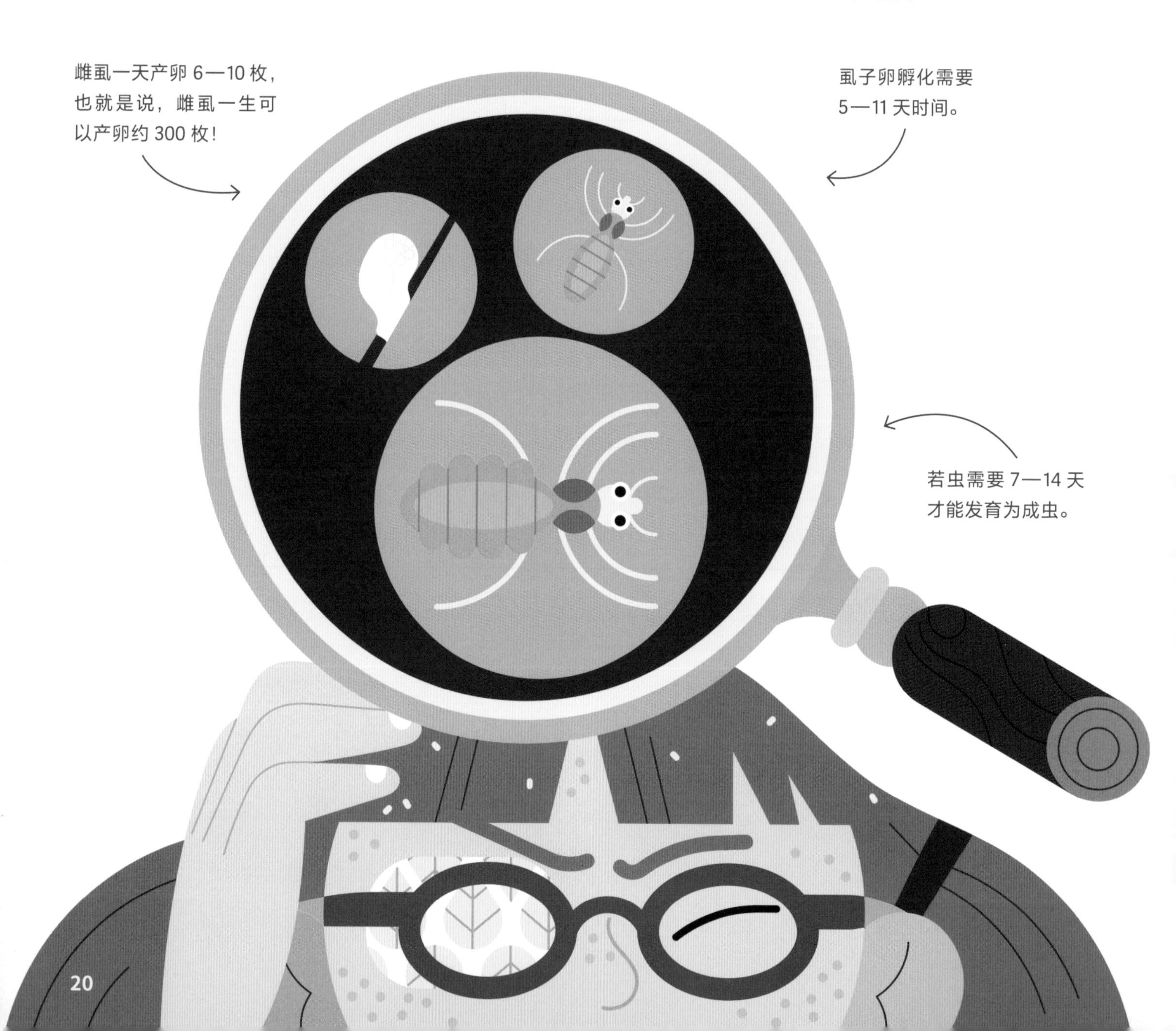

坚不可摧的卵

这些微小的卵会粘在我们的头发上，距离头皮只有 1 厘米左右。它们紧紧地粘着头发，很难把它们弄下来。粘住虱子卵的黏液和我们的头发由相似的物质构成，用来溶解它们的东西也会溶解我们的头发。当虱子还在卵里时，我们很难杀死它们。

经历不完全变态的昆虫一生都喜欢生活在同一宿主[2]身上，这就是为什么虱子的若虫会和成虫父母一样，生活在人类的头发里。

别担心！长虱子并不代表你很脏、坏，或是做错了什么。你只是运气不好，不小心沾染上了这些家伙。谁都可能遇到这种情况，它们可能会出现在每个人身上，包括我！

虱子的漫长历史

在人类历史的大部分时间里，每个人——确实是每个人，都有虱子。想想你最喜欢的历史人物，我几乎可以肯定他们身上有虱子。只要稍不走运，太靠近长虱子的人，他们头上的虱子就会爬到你头上，然后你也会有虱子。幸运的是，你可以摆脱虱子。令人惊讶的是，我们今天使用的消灭虱子的工具和方法与几千年前相比，并没有太大变化。

英语中 nit-picky 这个词是指在某件事上挑出非常小的错误。它实际上源于 nit-picking[3]，本意是指把别人头发上的虱子卵挑出来的乏味过程。

在古埃及的坟墓里，考古学家发现了虱子的遗骸。他们还发现，古墓壁画中有描绘古埃及人从孩子头上挑虱子的场景。古埃及人尝试用各种护发剂除掉虱子，或是通过挑虱子的方法清除它们。

高加索地区的部族曾用除虫菊粉杀灭虱子。

英语中 lousy（令人厌恶的、恶劣的）这个词其实来源于 louse（虱子）一词，它最初的意思是“爬满虱子”。随着时间的推移，lousy 就用来形容类似因虱子侵扰而带来的不舒服、糟糕、恶心等感受。

如果虱子远离食物来源，比如你，它们很快就会死掉！所以，通过梳子、帽子、枕头或沙发等物品感染虱子的概率是比较小的。

在欧洲，贵族会接受如何处理虱子的礼仪教育，因为在公共场合抓虱子被认为是不礼貌的行为。

今天，我们可以用梳齿非常密的梳子把虱子梳下来。虽然这个方法已经沿用了几千年，但它仍然是除掉虱子的好方法。除此之外，我们还能使用特殊的除虱药和洗发水。

胡蜂有大有小，最大的一类能长到 5 厘米长，最小的不超过 1 厘米长。

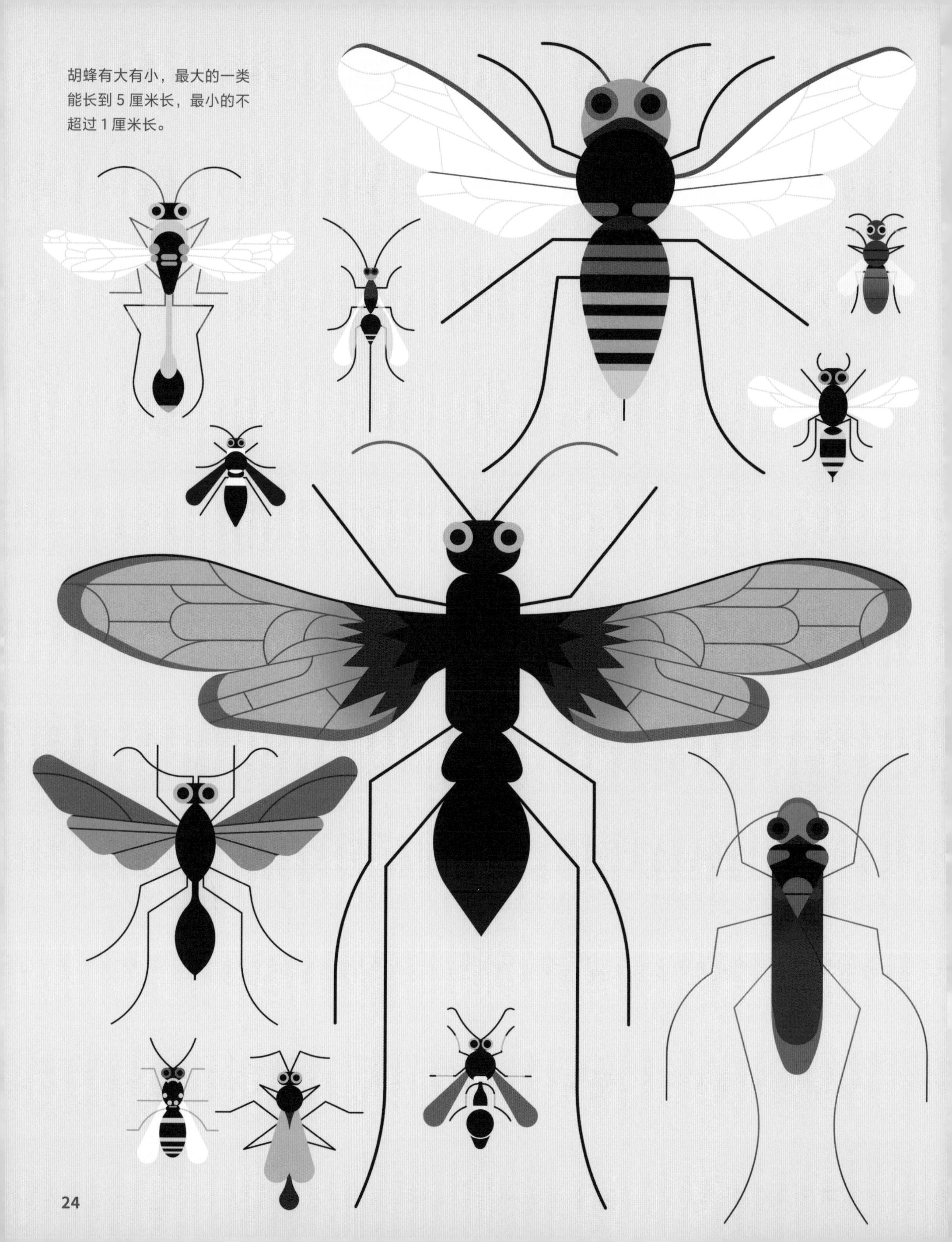

胡 蜂

阳光明媚的一天，你和朋友们坐在野餐桌旁享受美食，结果你们的美食遭到了胡蜂的攻击，谁没有过这样的经历呢？

胡蜂是什么？

胡蜂是对人类不太友好的昆虫，它们是蚂蚁、蜜蜂的亲戚。通常，你可以通过胡蜂身体第三段——腹部的“细腰”来识别它们。和许多动物一样，胡蜂用身体鲜艳的黄色来警告所有人：小心，我有螯针！世界上有约1.5万种胡蜂，它们生活在地球上除了南极洲以外的各个大洲。它们大多群居，不随便蜇人，与人类和平共处。只有特定的几种胡蜂被人类认定为害虫，但也只有它们碰巧在我们的家附近筑巢时，才会被这样看待。

胡蜂吃什么？

大多数胡蜂（像人类一样）是杂食动物，它们既吃植物，也吃动物。

成年胡蜂常吃花蜜、水果或树液之类的东西。胡蜂宝宝（幼虫）则爱吃其他虫子、肉和鱼。所以，当一只胡蜂在你的汉堡周围盘旋时，它可能只是想给蜂巢里的宝宝带点吃的回去。胡蜂主要捕食其他虫子给自己的宝宝吃，所以，它们其实是控制花园害虫以及房子附近蜘蛛的好帮手。

你知道工蜂会把捕获
的肉食嚼碎再喂给蜂
宝宝吃吗？

昆虫建筑师

群居的胡蜂会建造令人惊叹的蜂巢，与家人一起生活。在野外，胡蜂会利用植物、泥土和自己身体的分泌物来筑巢。

人们常见到的胡蜂会用“纸”筑巢。它们从枯树中收集木纤维，通过咀嚼并与唾液混合将其软化。这么做会制造出一种木浆，胡蜂就用它来建造棕色或灰色的“纸巢”。人们通常能在自己的房子上或房子附近的树上见到这种蜂巢。

有的胡蜂巢很大，根据相关记载，最大的胡蜂巢有 3.7 米高，直径 1.75 米，周长 5.5 米！

一窝姐妹

我们常见到的胡蜂多数都是社会性昆虫。我不是说它们喜欢社交，爱开派对，爱和朋友们出去玩。当科学家说某种昆虫具有社会性时，是指它们生活在一个由亲戚组成的群体中。

社会性胡蜂有时被称为黄蜂，它们生活在一个由蜂王、雄蜂和工蜂[4]组成的大家庭里，蜂王主要负责产卵，为数不多的雄蜂的唯一工作就是帮助蜂王产下更多卵，大量工蜂负责完成其他工作。你能想象和 100 多个姐妹住在一起，你家会是什么样吗？在胡蜂之家，每只工蜂都要完成指定家务。一些工蜂留在家里喂养胡蜂宝宝，另一些工蜂则负责收集食物。事实上，胡蜂巢和蜜蜂巢非常相似，就是少了蜂蜜。

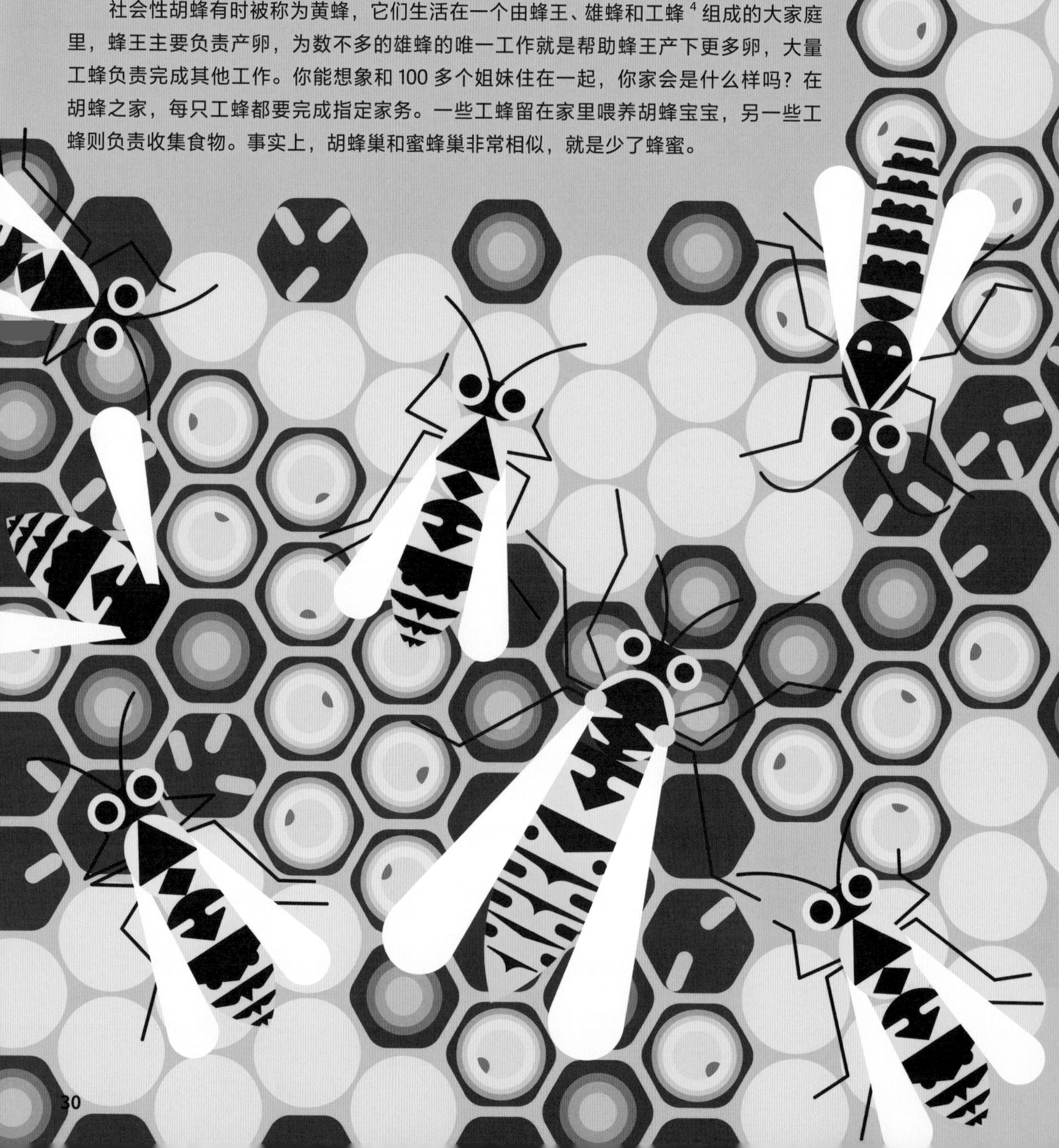

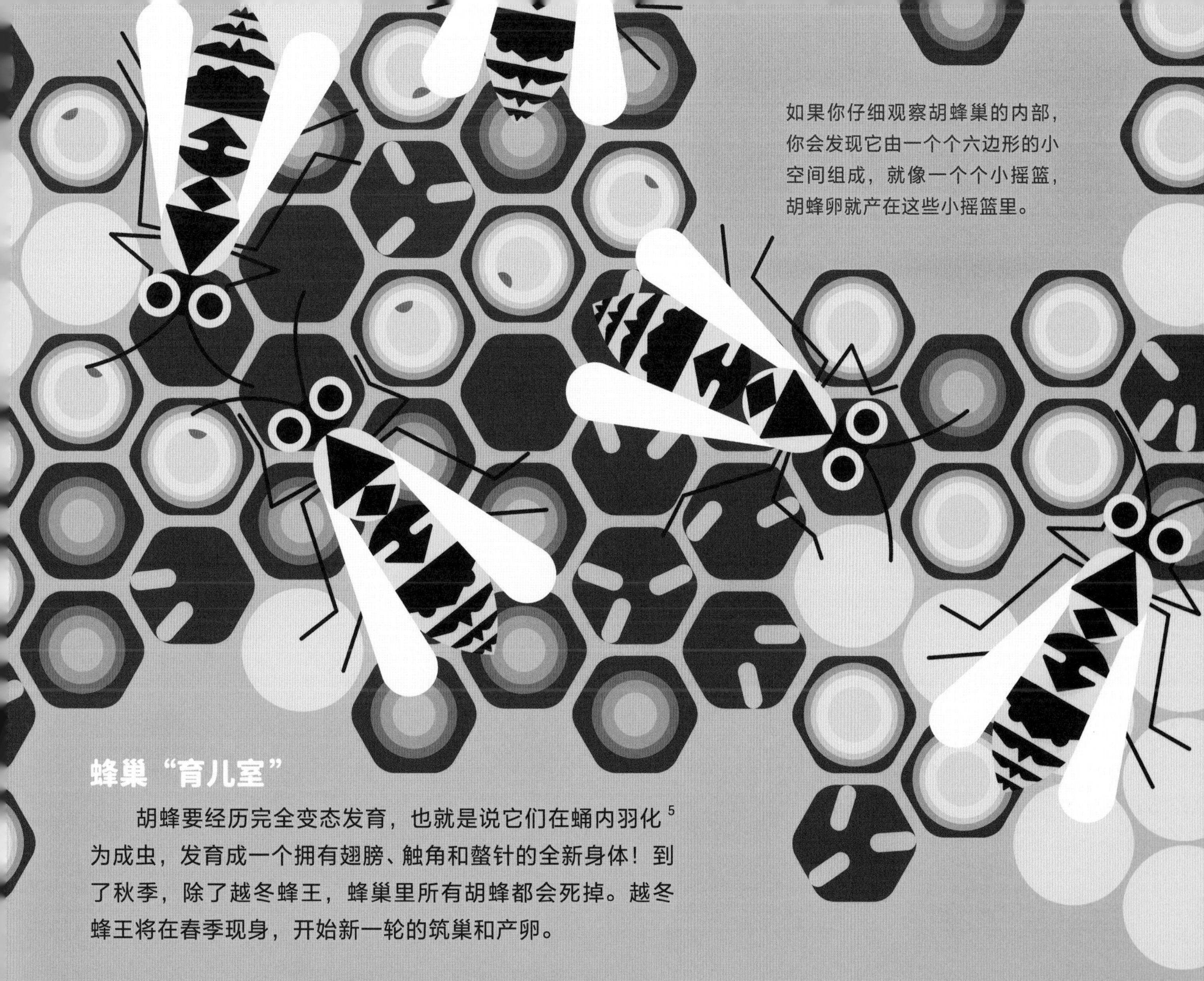

如果你仔细观察胡蜂巢的内部，你会发现它由一个个六边形的小空间组成，就像一个个小摇篮，胡蜂卵就产在这些小摇篮里。

蜂巢“育儿室”

胡蜂要经历完全变态发育，也就是说它们在蛹内羽化[5]为成虫，发育成一个拥有翅膀、触角和螫针的全新身体！到了秋季，除了越冬蜂王，蜂巢里所有胡蜂都会死掉。越冬蜂王将在春季现身，开始新一轮的筑巢和产卵。

胡蜂卵产在蜂巢的小空间里。

几天后，蠕虫一样的胡蜂幼虫将从卵中孵化出来。

幼虫将得到工蜂的悉心照顾，由其喂食近 3 周时间。

长到足够大的时候，它们会在蜂巢六边形的摇篮里结成茧！

警示标志

蚊子、跳蚤和虱子都尽量不让你发现它们在咬你，与它们不同，胡蜂希望引起你的注意。这就是为什么胡蜂的身体颜色鲜艳，它们在警告你，被它们蜇一下会很痛。这是它们对可能想要杀死自己的东西（比如人类）的一种防御，也是它们为宝宝捕食的方式。

胡蜂腹部末端有根像剑一样的螫针，也可以说是从它们的屁股里伸出了一把刀。它们的螫针不光尖利，还能重复使用，所以，一只愤怒的胡蜂可以蜇你很多次（因为胡蜂螫针没有倒生刺）！而且螫针可以释放毒液，被蜇到后会很痛。

如果被蜇还不够糟糕，那么你知道吗，许多胡蜂在受到惊吓时，还会释放出一种叫信息素的化学物质。这种物质会告诉附近的其他胡蜂：姐妹们，我有麻烦了，需要帮助。没错，吓到一只胡蜂，它可能会请求支援！不过，平时你看到胡蜂时，别着急尖叫着逃跑，记住，胡蜂通常不会主动攻击，除非它们觉得受到了威胁。所以，如果你不打扰它们，它们就不会打扰你。

如果你家里或家附近有一个胡蜂巢，最安全的做法是请专业人员来清除它。但请记住，这些昆虫在维持生态系统平衡方面发挥着重要作用，所以，最佳的应对方法其实是顺其自然。

据估计，蟑螂至少在地球上存在了 2 亿年。有些蟑螂化石可追溯到 3.5 亿年前，所以它们在地球上的存在时间其实比一些恐龙还要早。

蟑 螂

你半夜打开灯的时候，有没有看到过一些东西迅速逃走？也许当时你正要去厨房吃夜宵，或是正要去卫生间……如果说有一种昆虫最常把我们吓得惊声尖叫，那一定是蟑螂。

蟑螂是什么？

蟑螂是体形扁平、有翅膀的昆虫。从极地到热带地区，它们几乎能在地球上任何地方生存。世界上 4600 多种不同种类的蟑螂中只有 30 种进入了人类家园生活，并被视为害虫。从科学角度来说，害虫是一类会攻击我们、破坏我们的食物或家园的昆虫。

世界上最糟糕的“室友”

只要人类有家，就会有蟑螂住在里面。蟑螂可以把身体压扁到两枚硬币的厚度，所以它们几乎可以穿过你家里的任何裂缝或缺口。你不能责怪蟑螂想搬进你的家，因为你的家很温暖，有很多地方可以让蟑螂生活，比如墙缝和地板下面，更何况你还能为它们提供食物！

不太挑剔的食客

蟑螂什么都吃，一点也不挑食。它们会吃人类的食物、宠物食品、活的和死的植物、书籍、墙纸，甚至连手指甲和脚指甲都不放过。幸好蟑螂不吃人血，因为它们没有方便吸食人血的口器。蟑螂的口器可以用来咀嚼，却不能用来吸吮。尽管蟑螂爱吃东西，但它们在没有食物和水的情况下也可以存活数月之久。

最好打扫干净

家里越脏，剩的食物越多，蟑螂就越有可能搬进你家。所以，当大人让你把面包屑扫干净，不要把脏盘子留在自己房间时，一定要听话。这么做能防止蟑螂搬进来！如果已经有一些不太受欢迎的朋友住进来了，就只能用粘虫板或是能杀死蟑螂的特殊化学药品消灭它们了。

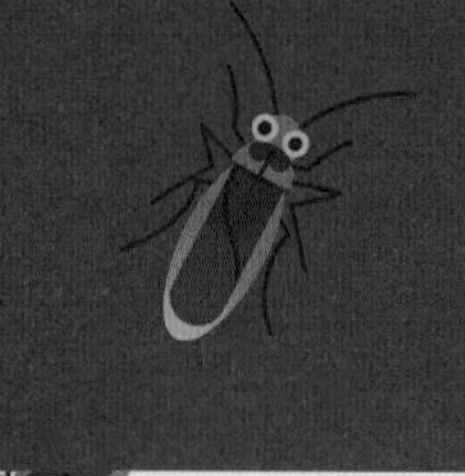

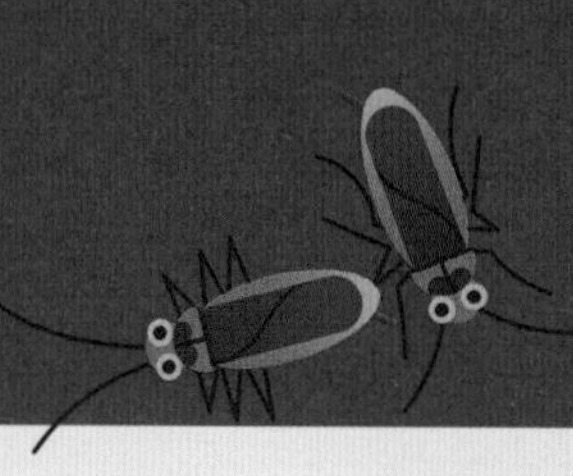

蟑螂是社会性昆虫，它们喜欢群居。蟑螂会分泌一种叫聚集信息素的恶臭化学物质，暗示其他闻到气味的蟑螂这里有同类或食物。

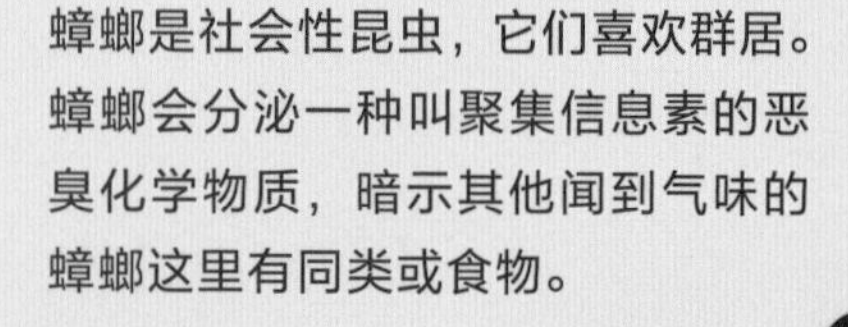

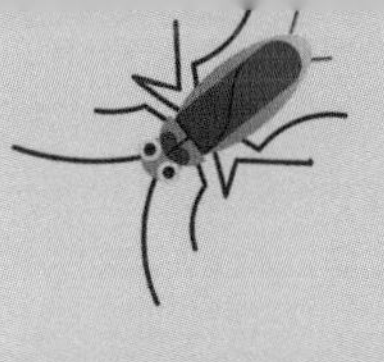

你知道很多蟑螂会发出声音吗？有的振动翅膀发出嗡嗡声，有的用嘴发出啾啾声，有的甚至能用呼吸孔发出咝咝声。

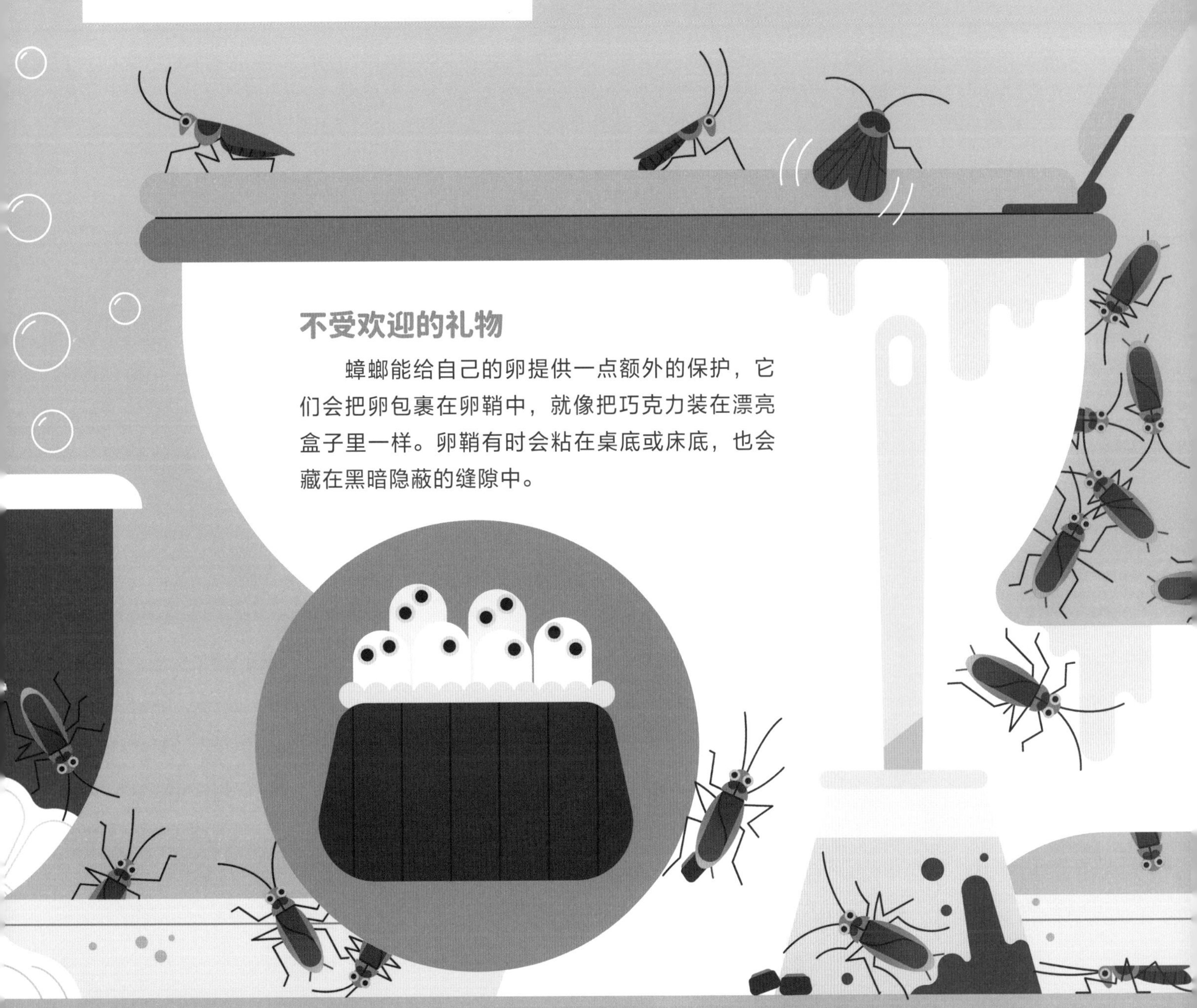

不受欢迎的礼物

蟑螂能给自己的卵提供一点额外的保护，它们会把卵包裹在卵鞘中，就像把巧克力装在漂亮盒子里一样。卵鞘有时会粘在桌底或床底，也会藏在黑暗隐蔽的缝隙中。

找不同

蟑螂卵被雌蟑螂产下约一个月，幼年蟑螂就会从卵鞘中孵出来。蟑螂会经历不完全变态，所以幼年蟑螂被称为若虫，在长成成年蟑螂之前，它们会多次蜕皮。你总能认出你看到的是不是一只幼年蟑螂，因为幼年蟑螂还没有长出翅膀。

蟑螂的繁殖速度惊人。如果一个地方有雌雄两只蟑螂，且有享之不尽的食物，那么一年后这里可能就会有一百万只蟑螂。

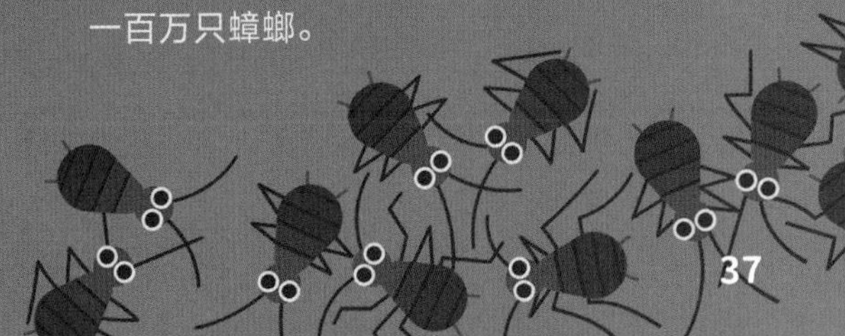

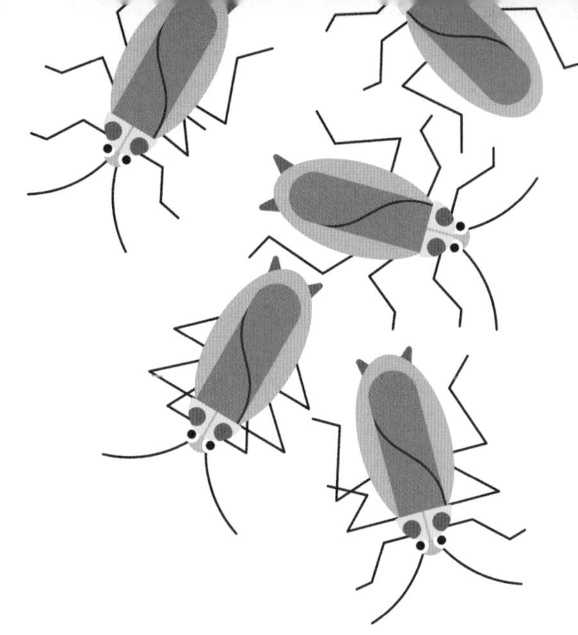

顽强不屈

蟑螂是最顽强、适应性最强的昆虫之一，这就是科学家多年来一直在研究它们的原因。

坚不可摧的昆虫

科学家在蟑螂身上安装微型摄像机，让它们去人类不能（或不想）去的地方收集信息。蟑螂能够在高辐射环境中生存，还能在没有食物或水的情况下长时间存活，并能适应 7 至 38 摄氏度的温度范围。

中美两国科学家以蟑螂为灵感设计了一款机器人“NP1”。这些科学家认为，蟑螂体形较小，难以压扁，可以钻进狭窄空间，所以 NP1 将成为在地震等这类容易引发建筑物倒塌的自然灾害中帮助寻找受灾人类的完美机器人。

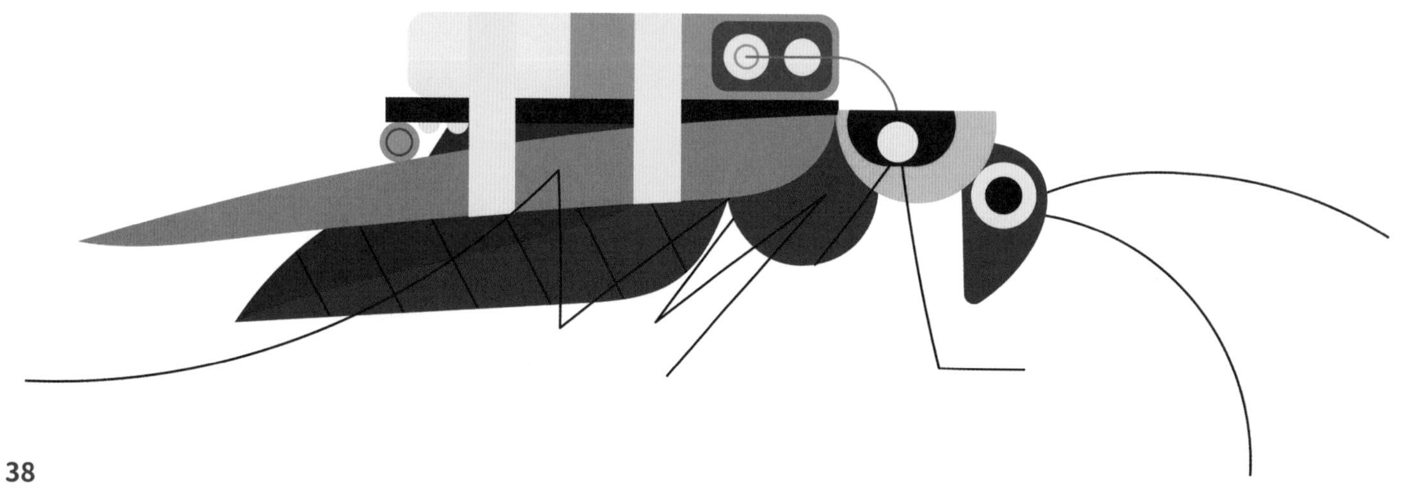

一只名为娜杰日达的蟑螂曾被俄罗斯科学家送入太空。在返回地球之前，这只蟑螂在 Foton-M 生物卫星[6] 上度过了 12 天。

凡是有皮毛或羽毛的动物生活的地方，都能找到跳蚤。你可以在南极洲帝企鹅的羽毛里找到它们，也能在沙漠老鼠或仓鼠的皮毛中发现它们。它们甚至可以藏身于在月光下飞行的蝙蝠的背上。

跳蚤

没什么比抱着一只温暖、柔软的狗狗入睡更美好的了。但是，当你早上醒来的时候，你发现腿上布满了发痒的小红点。你在床上找啊找，但什么也没找到。什么东西咬了你？为什么咬你？其实，昨晚你的狗狗和你一起上床睡觉时，带来了一群叫跳蚤的饥饿的小朋友。

跳蚤是什么？

如果你养了一只宠物猫或宠物狗，定期给它除跳蚤的话，你可能没有多少机会看见跳蚤。不过，坦白地说，跳蚤实在太小了，即使家里跳蚤肆虐，你也可能一只都看不到。成年跳蚤大约只有虞美人的种子那么大，世界上已知有约 2500 种跳蚤。

菜单上的第二选择

跳蚤其实不怎么喜欢人类。如果可以的话，它们更愿意寄生在有皮毛的动物身上。对跳蚤来说，我们就像西蓝花，它们会以我们为食，但前提是其身边没有其他更好的选择。

短小粗壮

当跳蚤钻进动物的皮毛、羽毛和毛发时，它们会做什么？它们会用短小粗壮的口器吸血。和蚊子、虱子一样，跳蚤进食前也会吐口水，因为它们的唾液含有神奇的化学物质，可以麻痹你的皮肤。只有在向你吐口水之后，跳蚤才会开始吸你的血。

跳蚤的爪子很特别，
非常适合抓住皮毛和羽毛。

自助血餐

雌性和雄性成年跳蚤都以血为食。在吃“自助血餐”时，跳蚤总会优先选择猫或狗，而不是人，就像你可能优先选择冰激凌和巧克力，而不是西蓝花一样。它们有一个特别的刺吸式口器，和蚊子的口器类似，但比蚊子的短一点，非常适合吸血。

猜猜是谁？

你可以通过“胡须”来区分不同种类的跳蚤。什么，你不知道跳蚤有胡须？它们胡须的专业名称叫“颊栉”，我喜欢把它们想象成长着胡须的杰出人物，有的种类雄性和雌性跳蚤都有“颊栉”。

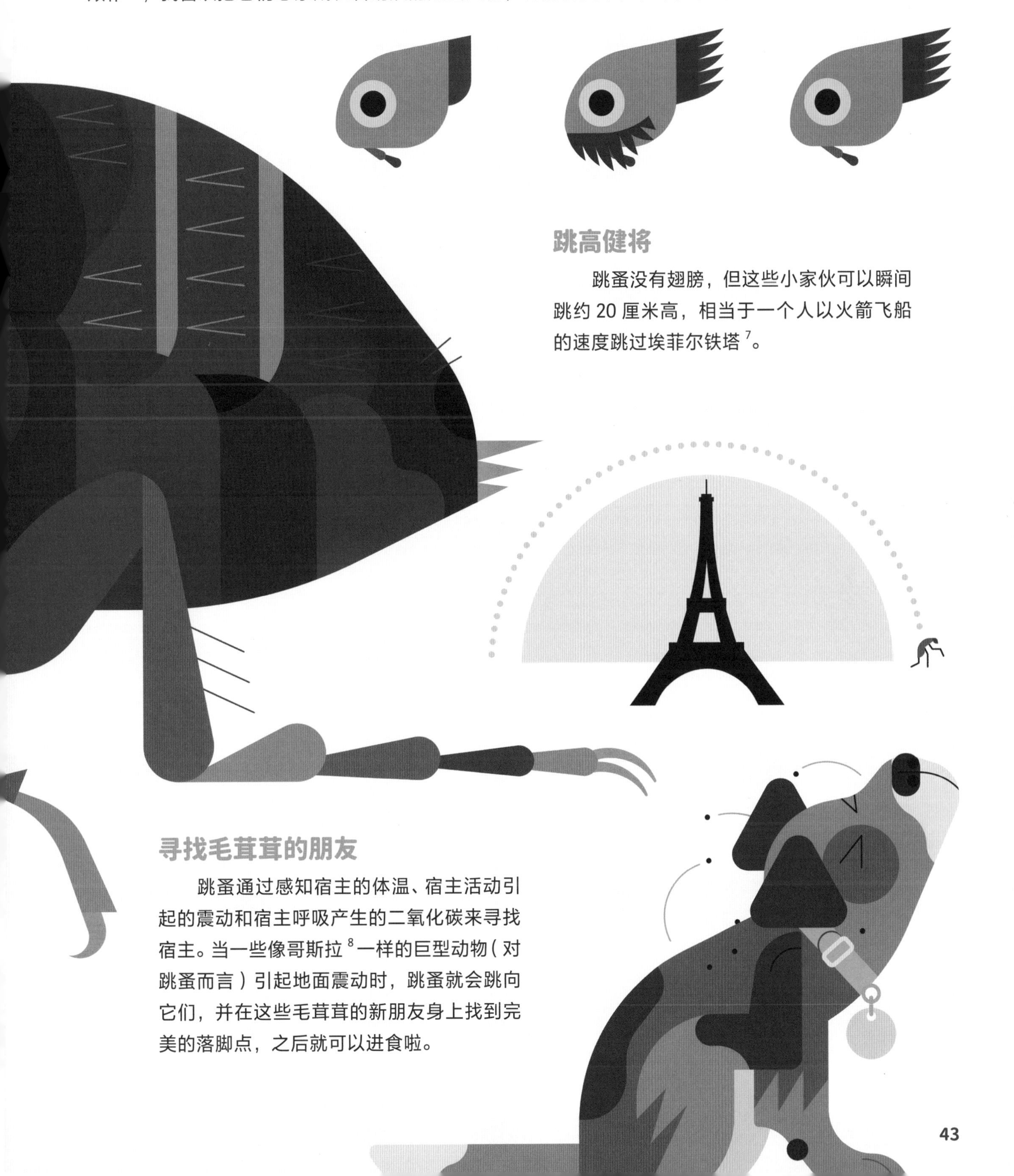

跳高健将

跳蚤没有翅膀，但这些小家伙可以瞬间跳约 20 厘米高，相当于一个人以火箭飞船的速度跳过埃菲尔铁塔[7]。

寻找毛茸茸的朋友

跳蚤通过感知宿主的体温、宿主活动引起的震动和宿主呼吸产生的二氧化碳来寻找宿主。当一些像哥斯拉[8]一样的巨型动物（对跳蚤而言）引起地面震动时，跳蚤就会跳向它们，并在这些毛茸茸的新朋友身上找到完美的落脚点，之后就可以进食啦。

“伟大”的表演者

19 世纪，在欧美国家流行一种跳蚤马戏表演。这种表演由钟表匠或珠宝商推出，演员是跳蚤，它们拖拉微型推车和战车，以此展示这些人制造微型设备或珠宝的技能。观众会被领进帐篷，欣赏地球上最微型的马戏演员——人蚤[9]！

20 世纪 40 年代左右，人类和人蚤住在一起还十分常见。但随着卫生条件的改善和吸尘器的发明，人蚤变得越来越少，跳蚤马戏表演逐渐开始衰落。

今天，我们已经意识到，训练野生动物（哪怕是跳蚤！）进行马戏表演是残忍的行为。

打破周期

人类爱自己的宠物，但不喜欢身上被跳蚤咬出发痒的小红点。为了能继续抱着你的小猫，同时不用担心被跳蚤咬得发痒，你必须及时打断跳蚤的生命周期……

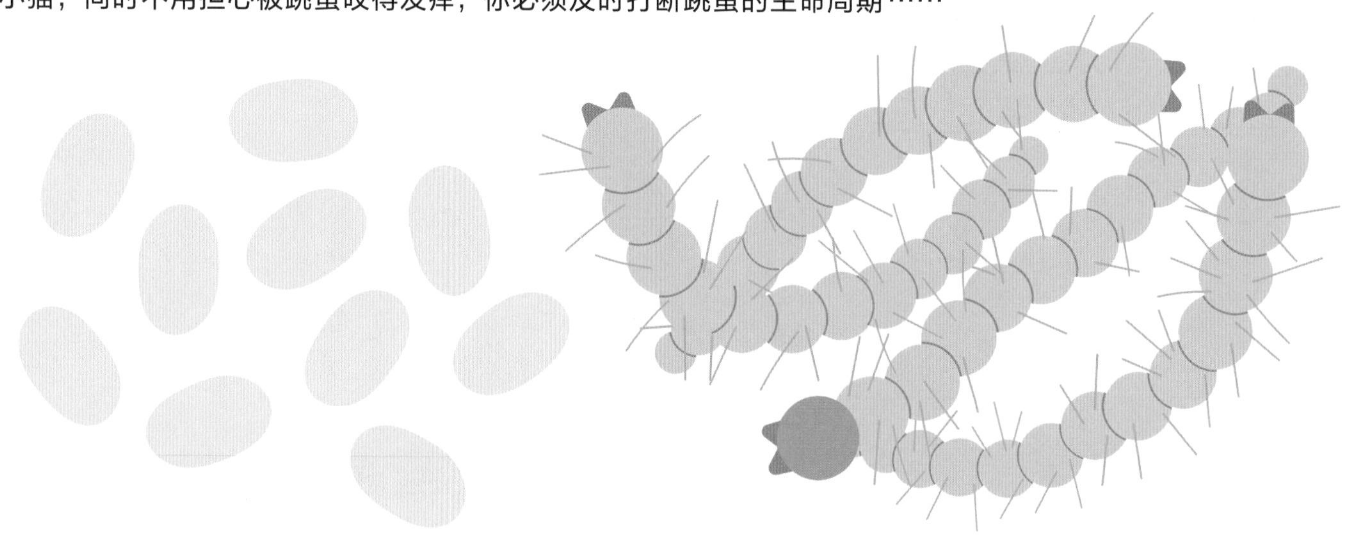

跳蚤卵狂欢

雌跳蚤一生可以产 1000 多枚卵。雌跳蚤产下卵后，会用强壮的后腿把卵踢得远远的。跳蚤卵没有黏性，所以能落到各种地方……而且因为它们非常小，大约只有成人手指上指纹的一条脊大小，所以它们很少被注意到。

恶心的口味

跳蚤卵需要 2—5 天才能孵化出幼虫。这些幼虫是非常小的蠕虫状生物，生活在它们能找到的任何阴暗的裂缝和缝隙中，几乎什么都吃，但在这个世界上它们最喜欢的食物是成年跳蚤的粪便。是的，没错……它们吃粪便。

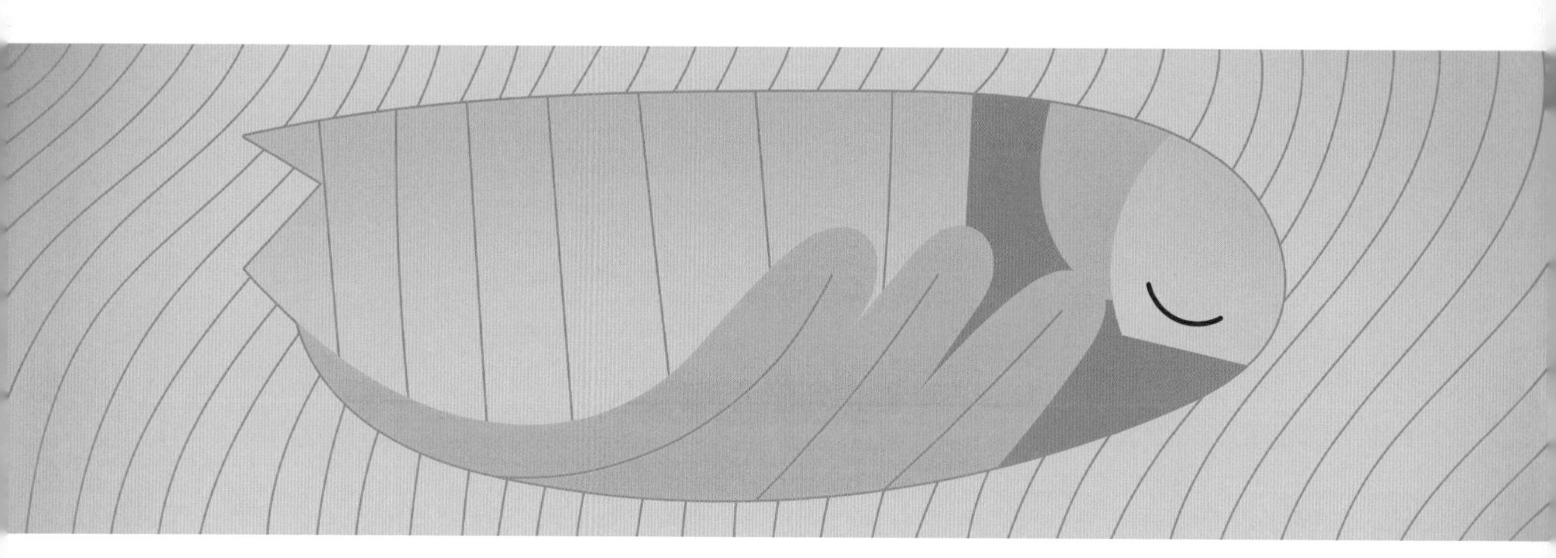

聪明的伪装

跳蚤幼虫在形成蛹之前要蜕 2—3 次皮。跳蚤会利用身边的东西包裹成茧，起到伪装效果。所以，如果它们住在铺着灰色地毯的家里，它们就会把灰色地毯上的纤维附着在茧上。它们在茧里通常待两周后就会长成成虫。之后，它们需要做的就是找个毛茸茸的朋友提供食物，并定居下来。

怎样才能消灭跳蚤？

人类爱自己的宠物，但不喜欢被跳蚤叮咬。每年，全世界要花费数十亿美元来消灭跳蚤，因为我们真的不喜欢身上发痒。大多数人会给宠物使用化学除蚤药物，这种药物能阻止跳蚤幼虫蜕皮，让它们无法长成成虫。

如果跳蚤幼虫孵化的地方没有足够的食物，它就会进入睡眠模式。这种昆虫版的“冬眠”被称为滞育，能让跳蚤幼虫在没有食物的情况下存活 200 天之久。

有很多其他种类的昆虫（或虫子）长得像臭虫。如果不确定一只虫子是不是臭虫，可以检查一下它的翅膀。如果有翅膀，那它就不是臭虫！

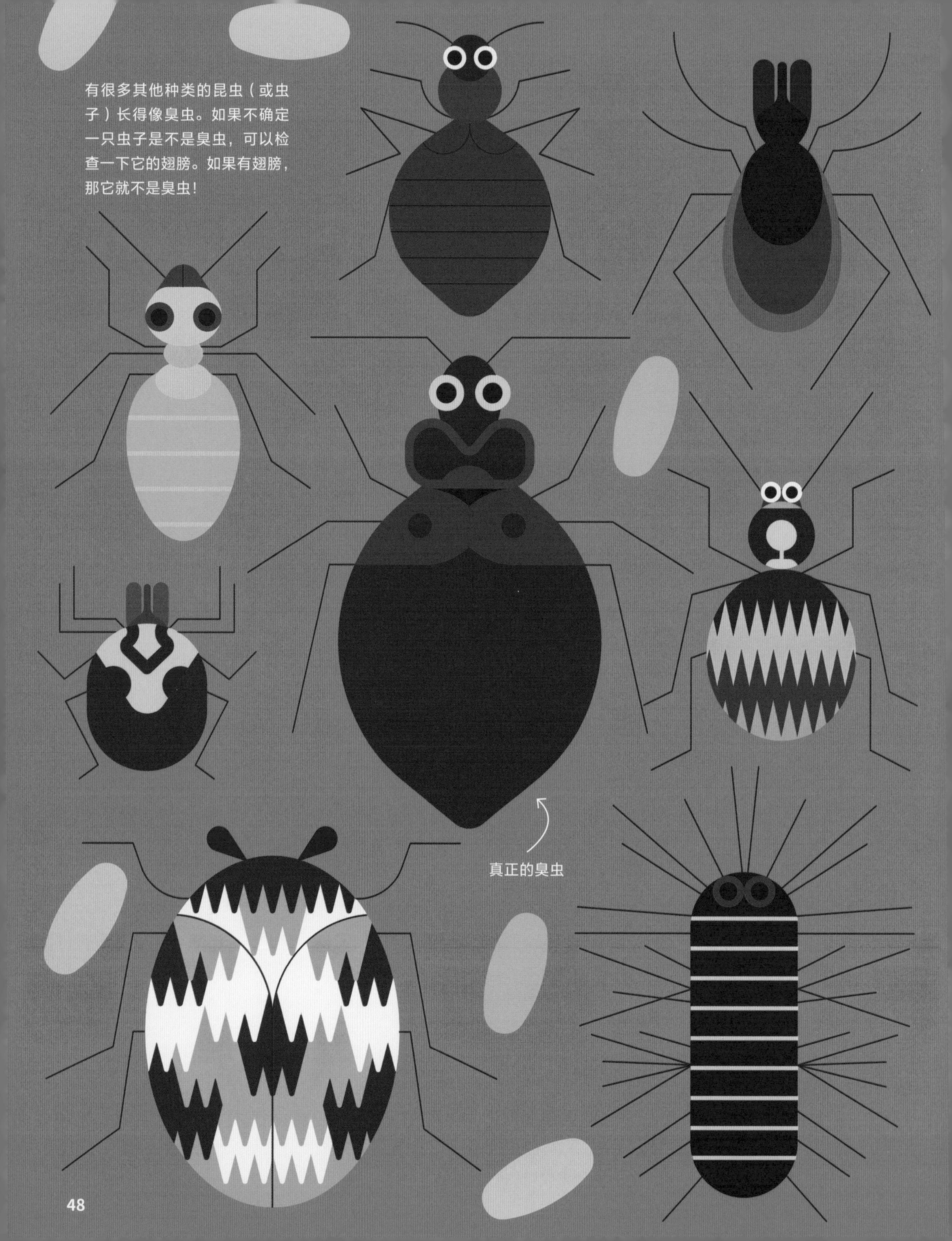

臭虫

晚安，睡个好觉，别让臭虫咬你！你可能在睡觉前听过这句话，但你有没有想过臭虫到底是什么？

臭虫是什么？

臭虫是一种只以哺乳动物和鸟类的血液为食的昆虫，有两种特定种类的臭虫已经进化到主要以人类血液为食。臭虫比棉签的尖端还小，体形非常扁平，就像纸一样薄，非常适合在我们家里的各个角落和缝隙中钻来钻去。

贪婪的食客

臭虫胃口很大，喜欢慢慢吸你的血。成年雄臭虫和雌臭虫会用长长的刺吸式口器吸血，一次可以吸 10 分钟。

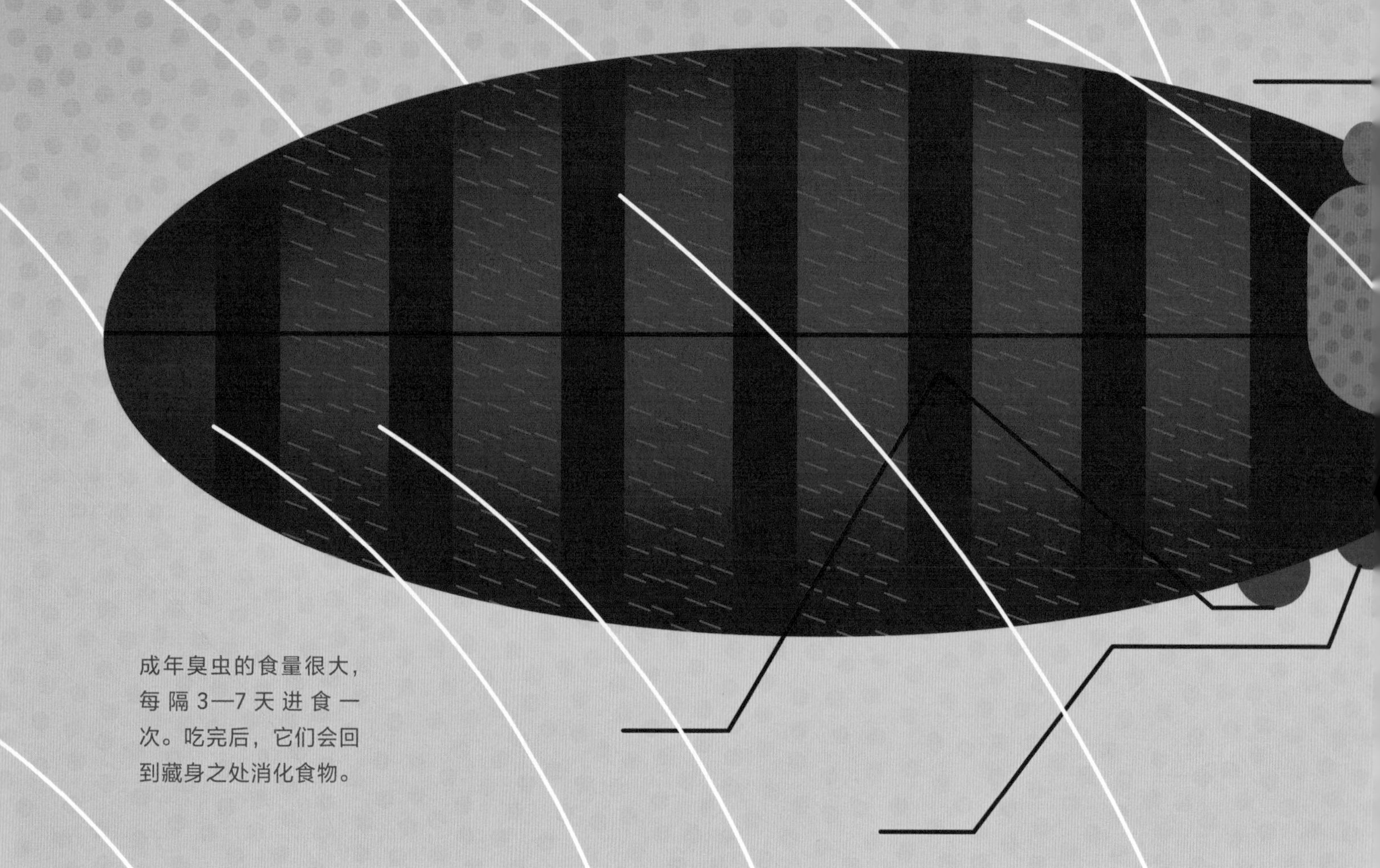

成年臭虫的食量很大，每隔 3—7 天进食一次。吃完后，它们会回到藏身之处消化食物。

血，血，更多的血

臭虫卵产下大约一周后，若虫就会从卵里孵出来。若虫是经历不完全变态发育的昆虫的幼体。在发育成成虫之前，臭虫若虫要蜕 5 次皮，每次都会蜕去外骨骼，变大一点。这个过程需要 1—2 个月。臭虫生命周期的每一个阶段都以血为食，它们总是吃不够！

臭虫进食时，会吃掉相当于自身体重 3 倍的血。想想你需要吃多少食物才相当于自身体重的 3 倍！

毫不遮掩！

白天或晚上的任何时候，只要臭虫感觉到附近有人，它们就会出来活动。很多人认为臭虫只在晚上活动，就像吸血鬼一样，但事实并非如此。所以，即使你睡觉的时候开着所有的灯，臭虫仍然会来找你。

与蚊子、虱子和跳蚤一样，臭虫通过感知二氧化碳和热量找到我们。如果它们“闻”到你呼出的气体（二氧化碳）或感觉到你的体温，它们就会离开其藏身之处，出来觅食。但它们最开始是怎么来到你家的呢？

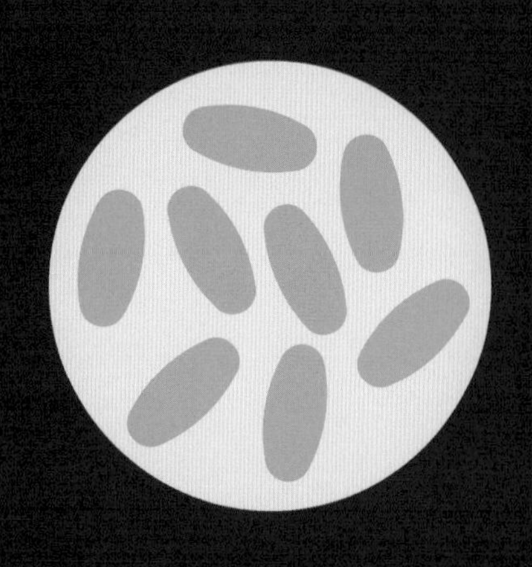

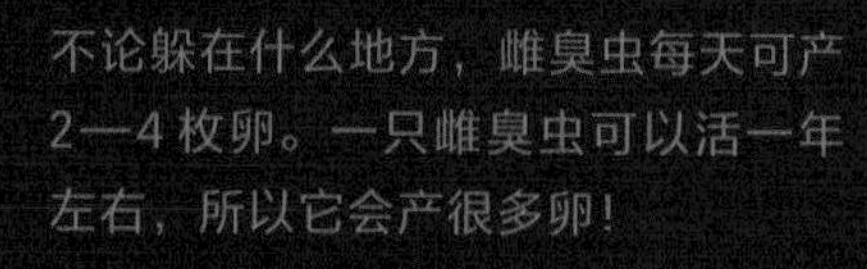

不论躲在什么地方，雌臭虫每天可产2—4枚卵。一只雌臭虫可以活一年左右，所以它会产很多卵！

臭虫并不是只能住在我们的床上，它们可以住在我们家里任何能容纳其扁平身体的地方。

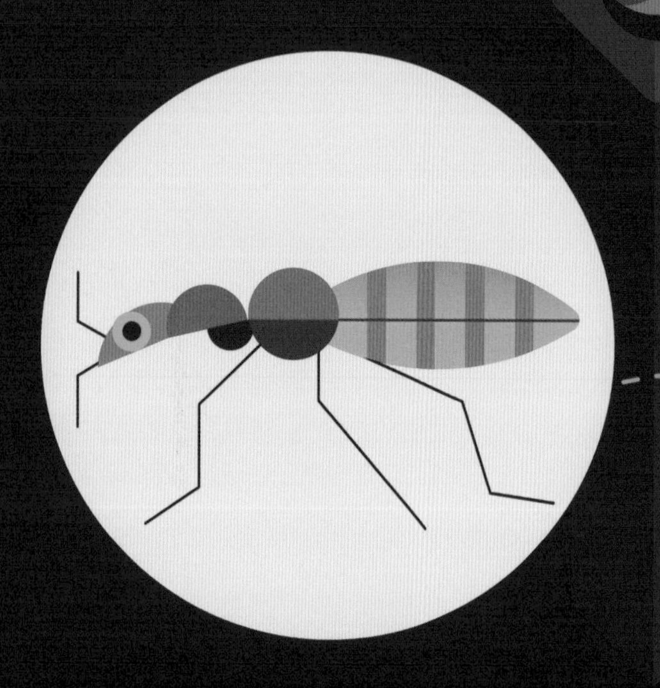

臭虫没有翅膀，也不会跳，它们唯一的移动方式就是爬行。它们爬得很快！为了寻找食物，成年臭虫一晚上可以爬行30米。

在没有血可吸的情况下，臭虫一般可以存活半年多，因为它们可以滞育，所以它们真的很难被消灭。

臭虫不会寄生在我们的身体上，通常是随着我们的随身物品四处移动，比如背包、钱包和行李等。我们会随处放置这些物品，小小的臭虫就有机会爬上来搭便车。

远古疗法

臭虫已经存在很长时间了。科学家们认为，在人类还和蝙蝠一起生活在洞穴里时，就有以蝙蝠血为食的臭虫，而现在的臭虫就是由这类臭虫进化而来的。化石证据显示，以人类的血为食的臭虫 3500 年前就已经存在了。

埃及文物学者发现了约 3500 年前古埃及人关于臭虫治疗的记录。在古埃及墓穴里的木乃伊身上也发现了臭虫活动的痕迹。

科学家在有近 2500 年历史的古罗马遗址中发现了臭虫的遗骸，古罗马人相信，吃被压碎的臭虫可以治疗毒蛇咬伤。

几百年前，人们会在床上铺满豆叶，或是在床周围撒上豆叶来防止臭虫侵入。豆叶上有像钩子一样的茸毛，可以钩住臭虫的腿，阻止它们爬行！

你知道可以靠经过特殊训练的狗狗来嗅出臭虫吗？今天，为了消灭臭虫，我们一般使用专门的药品杀死它们，或者用专业的设备将房子里的温度升高（至46°C以上），因为臭虫无法在高温下生存。

昆虫真的都是坏蛋吗?

读完这本书后，你可能会认为所有昆虫都是吸血的、会引起瘙痒的、惹人讨厌的生物，但其实书里提到的昆虫只是世界上现存昆虫中的一小部分。

此时此刻，地球上生活着大约 10,000,000,000,000,000,000 只美丽的昆虫。有些昆虫吃枯萎的植物，帮助养分进入土壤循环。有些昆虫为植物授粉，帮助植物结出果实、传播种子。昆虫也是许多生物的食物，比如鱼类、蝙蝠、鸟类、爬行动物和啮齿动物。如果没有昆虫，整个生态系统就会崩溃。虽然有少数昆虫（比如本书中的昆虫）令人厌恶，但大多数昆虫都在自然界中扮演着重要而独特的角色，对人类并没有害处。

小辞典

不完全变态：昆虫变态的一个类型，即昆虫在个体发育中，只经过卵、若虫和成虫三个时期。

触角：通常指昆虫、软体动物或甲壳类动物的感觉器官，生在头上。

蛋白质：天然的高分子有机化合物，由多种氨基酸结合而成，是构成生物体活质最重要的部分，是生命的基础，种类很多。

繁殖：生物产生后代的过程。

过敏：机体对某些药物或外界刺激的感受性不正常地增高的现象。

呼吸管：在水下生活的昆虫的管状身体部分，用于呼吸。

花粉：花药里的粉粒，多是黄色的，也有青色或黑色的。每个粉粒里都有生殖细胞。

茧：某些昆虫的幼虫在变成蛹之前吐丝做成的壳，通常是白色或黄色的。

考古学家：通过挖掘文物来研究人类历史和文化的科学家。

口器：节肢动物口的周围具有摄食、感觉等功能的附肢。昆虫的口器一般分为咀嚼式、嚼吸式、刺吸式、舐吸式及虹吸式五个类型。

昆虫学家：研究昆虫的科学家。

若虫：不完全变态类昆虫的幼体，处在卵孵化之后，翅膀还没有长成期间，外形跟成虫相似，但体形较小，生殖器官发育不全。

生态系统：生物群落中的各种生物之间，以及生物和周围环境之间相互作用构成的整个体系。

水藻：生长在水里的藻类植物的统称，如水绵、褐藻等。

蜕皮：许多节肢动物（主要是昆虫）和爬行动物，生长期间旧的表皮（或外骨骼）脱落，新的表皮长出。通常每蜕皮一次就长大一些。

唾液：口腔中由唾液腺分泌的液体，作用是使口腔湿润，使食物变软容易咽下，还能分解淀粉，有部分消化作用。

外骨骼：节肢动物特有的坚韧体壁。是表皮分泌的含甲壳质的角皮，有别于脊椎动物的（内）骨骼。

完全变态：昆虫变态的一个类型，即昆虫在个体发育中，经过卵、幼虫、蛹和成虫四个时期。

细菌：原核生物的一大类，形状有球形、杆形、螺旋形、弧形、线形等，一般都通过分裂繁殖。自然界中分布很广，对自然界物质循环起着重大作用。

消化：食物在人和动物体内，经过物理和化学作用而变为能够溶解于水并可以被机体吸收的养料的过程。

信息素：昆虫由腺体分泌到体外，借空气及其他媒介传播，引起同种的另一个体或异性个体较大生理反应的物质。

血液凝固：简称“凝血”，是血液由流动的液体状态变成不能流动的凝胶状态的过程；是血管受伤时，防止大量出血的重要环节。

蛹：完全变态的昆虫由幼虫变为成虫的过渡形态。幼虫生长到一定时期就不再吃东西，内部组织和外形发生变化，最后变成蛹，一般为枣核形。

幼虫：昆虫的胚胎在卵内发育完成后，从卵内孵化出来的幼小生物体。

滞育：昆虫等节肢动物在其生活史中生长发育或生殖暂时中止的生理现象。

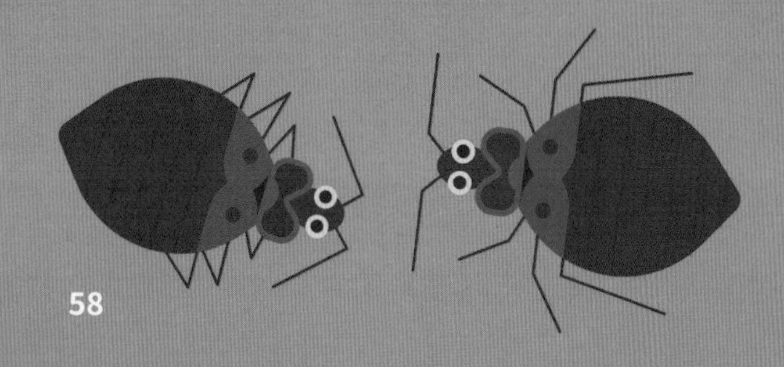

注释

1 若虫的英文为 nymph，也可指希腊神话中的仙女。——译者注
2 为寄生虫、病毒等寄生生物提供生存环境的生物。——译者注
3 nit 有虱卵的意思，picky 指人爱挑剔，picking 则是 pick 的现在分词，有挑剔的意思。——译者注
4 蜂群中生殖器官发育不完善的雌蜂，因此原书中称其为姐妹。——译者注
5 昆虫由蛹发育成成虫的过程称作羽化。——译者注
6 用于生物学实验与研究的人造地球卫星。——译者注
7 位于法国巴黎市战神广场的标志性建筑，高度为 330 米。——译者注
8 日本电影《哥斯拉》中的巨型怪兽，现已成为怪兽的经典形象。——编者注
9 跳蚤中与人类关系最密切的一种。——译者注

献给莉萨和塔尼娅，你们总是提醒我要做更大的梦，笑更大声，更加搞怪，因为人生如此短暂。

—— 纳兹·帕克普尔

送给我的侄子、侄女：马克斯、亨利、奥利弗、威廉、伊莎贝尔、阿莉西娅和阿尔比。

—— 欧文·戴维

著作合同登记号　图字：11-2024-225

图书在版编目（CIP）数据

小心，昆虫室友来了！/(美)纳兹·帕克普尔著；(英)欧文·戴维绘；尹楠译. -- 杭州：浙江科学技术出版社，2024. 7. -- ISBN 978-7-5739-1260-2

Ⅰ. Q96-49

中国国家版本馆CIP数据核字第2024WS2294号

官方微博 @浪花朵朵童书
读者服务 reader@hinabook.com 188-1142-1266
投稿服务 onebook@hinabook.com 133-6631-2326
直销服务 buy@hinabook.com 133-6657-3072

书　名 小心，昆虫室友来了！
著　者 [美]纳兹·帕克普尔
绘　者 [英]欧文·戴维
译　者 尹　楠

出版发行 浙江科学技术出版社
杭州市拱墅区环城北路177号　邮政编码：310006
办公室电话：0571-85176593
销售部电话：0571-85176040
E-mail：zkpress@zkpress.com
印　刷 天津裕同印刷有限公司

开　本 889 mm × 1140 mm　1/16　　**印　张** 4
字　数 72千字
版　次 2024年7月第1版
印　次 2024年7月第1次印刷
书　号 ISBN 978-7-5739-1260-2
定　价 68.00元

出版统筹 吴兴元　　**特邀编辑** 冉　平
封面设计 九　土　　**版式设计** 赵昕玥
责任编辑 卢晓梅　　**责任校对** 李亚学
责任美编 金　晖　　**责任印务** 叶文炀
营销推广 ONEBOOK　　**内文审校** 禹海鑫